SITZUNGSBERICHTE DER SÄCHSISCHEN AKADEMIE
DER WISSENSCHAFTEN ZU LEIPZIG

Philologisch-historische Klasse
Band 113 • Heft 2

EDGAR LEHMANN

DIE RÄUMLICHE DIFFERENZIERUNG DER INDUSTRIE- UND BEVÖLKERUNGSAGGLOMERATION IM HALLE-LEIPZIGER GEBIET

AKADEMIE-VERLAG • BERLIN
1967

Vorgetragen in der Sitzung vom 14. Februar 1966
Manuskript eingeliefert am 27. September 1966
Druckfertig erklärt am 29. Januar 1967

Erschienen im Akademie-Verlag GmbH, 108 Berlin, Leipziger Straße 3—4

Lizenznummer: 202 · 100/172/67
Gesamtherstellung: IV/2/14 VEB Werkdruck, 445 Gräfenhainichen · 2755
Bestellnummer: 2026/113/2 · ES 5 B 3
1,55

Das Untersuchungsgebiet, der Halle-Leipziger Raum, und das Untersuchungsobjekt, die geographische Differenzierung der Industrie- und Bevölkerungsagglomeration, schließen die Aufgabe in sich, in der scheinbaren Regellosigkeit bestimmte räumliche Ordnungstendenzen aufzudecken. Das kann nur gelingen, wenn die beispielhaft herausgegriffenen Faktoren der Territorialbildung als voneinander abhängige Veränderliche behandelt werden, die symptomatische Bedeutung für Wandlungen in der räumlichen Gesamtstruktur haben. Die Vielgestaltigkeit der landschaftlichen Realität beruht ja nicht auf einer linearen Relation von Ursache und Wirkung. Sie ist ständige Evolution sehr verschiedenartiger Kräfte und Stoffe, die in die geographische Substanz integriert werden.

Die Bevölkerungszahl des Halle-Leipziger Raumes beträgt (Stichjahr 1956) nach D. Scholz [1]) 2 075 600 Menschen auf einer Fläche von 4417 qkm. Das entspricht einer Dichte von 470 Ew. pro qkm, unter Ausklammerung der Großstädte von 286 Ew. pro qkm, bei 449 000 Industriebeschäftigten, mithin bei einer Industriedichte von 102 und einem Industrialisierungsgrad von 21,6. Diese Situation ist das Ergebnis eines Prozesses, der infolge der Verdoppelung der Erdbevölkerung seit 1900 viele industrielle, aber auch agrarische Agglomerationsräume der Erde erfaßte. Kurt Witthauer [2]) stellte die Bevölkerungszahl der Erde für 1960 kartographisch dar, indem er die rund 3 Milliarden zu diesem Zeitpunkt lebenden Menschen durch Kreise kennzeichnete, die um den jeweiligen Bevölkerungsschwerpunkt gezogen sind. Die Flächen dieser Kreise verhalten sich zueinander wie die durch sie vertretenen Bevölkerungszahlen für 132 Länder. 1960 wohnen rund 70 % der Erdbevölkerung auf 12 % der Festlandfläche. Die Zunahme der Erdbevölkerung um mehr als 50 Millionen Menschen im Jahr läuft parallel mit einem Rückzug der Bevölkerung aus abgelegenen Waldgebieten, z. B. aus den 5 nördlichsten Provinzen Schwedens mit 58,2 % Staatsfläche und nur 16,5 % Bevölkerung sowie aus den alpinen Regionen der Erde. Ähnlich wie sich im Mittelalter die Zusammenziehung kleiner weilerartiger Gehöftegruppen, der Drubbel, zu stattlichen

---

1) D. Scholz „Die Industrie im Ballungsgebiet Halle-Leipzig". Habil.-Schrift a. d. Math.-Naturw. Fakultät d. Karl-Marx-Universität Leipzig, 1965, 1. Halbbd., S. 36.

2) K. Witthauer „Die Bevölkerung der Erde 1960/62". Pet. Geogr. Mitt., 106. Jg., 1962, S. 59 ff.

Dörfern mit weiten Gewannfluren vollzog, so schließt auch in der Gegenwart die Agglomeration gleichzeitige Entvölkerungsvorgänge nicht aus.

Ehe ich die These, die ich meinen Ausführungen zugrunde legen möchte, formuliere, sei einleitend ein Hinweis historisch-geographischer Art gegeben, um die Problemstellung besser zu verdeutlichen. Es ist eine bekannte Tatsache, daß die um die Wende des 18. zum 19. Jahrhundert in Europa sich schnell entwickelnde Industrialisierung an den Punkten ansetzte, die im Gefüge der Dörfer und Städte meist schon im 15. und 16. Jh., oft auch bereits im Hochmittelalter, eine hervorragende Rolle spielten. Das Netz der Eisenbahnlinien verband später vorwiegend die wichtigsten Handels- und Gewerbeplätze. Sie werden häufig zu ersten industriellen Schwerpunkten, neben denen andere, in der vorangehenden Periode des Merkantilismus insbesondere durch das Textilgewerbe vorgeformte Siedlungen eine erhöhte Bedeutung gewannen. Die territorialen Festpunkte der Länder Europas, die Haupt-, Handels- und Hafenstädte, verstärkten durch die gesteigerten Absatz- und Importmöglichkeiten ihre Stellung. Die Industrialisierung führte regional in verschiedenem Ausmaß zu einer Überformung, nicht aber zu einem grundstürzenden Wandel der territorialen Struktur! Ein Land wie das ehemalige Sachsen tritt wohlvorbereitet in die eigentliche industrielle Phase, die wie eine sich schnell bewegende Welle vor allem West- und Mitteleuropa erfaßt hatte. Jeder dritte Einwohner war in Sachsen, wie K. Blaschke[1]) ausführte, bereits 1830, also noch vor dem Bau der Eisenbahnen und vor dem Übergang der Manufakturen in Fabriken, ein Stadtbewohner – und der Anteil der landwirtschaftlich tätigen Bevölkerung betrug in Sachsen zum gleichen Zeitpunkt nur etwa 20 %, der Anteil des besitzenden Bauerntums sogar nur 13,5 % der Bevölkerung.

Schon über einen großen Zeitraum hin also, bis weit in die zweite Hälfte des vorigen Jahrhunderts, zeichnet sich in Sachsen eine Entwicklung ab, die wir als modern empfinden: die Agglomeration von Gewerbe, Industrie und Bevölkerung. Aber es besteht ein bedeutender Unterschied zur Gegenwart. Ganz gleichgültig, ob Gewerbe, Industrie und Handel in Städten konzentriert waren, ob sie sich in den Tälern des Erzgebirges drängten oder auch über größere Räume verstreut lagen, immer waren sie mit den Wohnstätten eng verbunden und bildeten insgesamt, in der historischen und physischen Vielfalt ihrer Einzelzüge, ein Industriegebiet ganz anderer Art als die gegenwärtigen Ballungsgebiete von Bevölkerung und Industrie wie Halle-Leipzig, Karl-Marx-Stadt, Zwickau, Dresden oder Berlin.

---

[1]) Karlheinz Blaschke „Industrialisierung und Bevölkerung in Sachsen von 1830 bis 1890". Forschungs- und Sitzungsberichte der Akademie für Raumforschung und Landesplanung, Bd. XXX, 1965, S. 69.

Die Problematik, die ich behandeln werde, hat in dieser Sachlage ihre Wurzeln. Der Anlaß, ihr nachzugehen, liegt in Diskussionen und Arbeiten begründet, die gegenwärtig eine Forschungsgemeinschaft (Territoriale Probleme des wiss.-techn. Fortschrittes) unter Leitung von Prof. Dr. Gerhard Mohs, Leipzig, im Rahmen der Abteilung „Territoriale Planung des ökonomischen Forschungsinstitutes" bei der Staatlichen Plankommission durchführt. Angesichts der Kompliziertheit der räumlichen Struktur eines Agglomerationsgebietes, um das es sich hier handelt, erscheint es zweckmäßig, als charakteristisches Beispiel die funktionelle Einbindung des VEB Leuna-Werke „Walter Ulbricht" in den umgebenden, als „Ballungsgebiet" definierten Raum in den Vordergrund zu stellen. Ein solches, auf ein spezielles Phänomen eingeschränktes Vorgehen erscheint methodisch und zugleich in landesplanerischer Hinsicht gerechtfertigt, wenn es gelingt, eine isolierende Behandlung zu vermeiden und die räumliche Differenzierung einer Industrie- und Bevölkerungsagglomeration unter dem Aspekt eines einzigen Großbetriebes in den Griff zu bekommen. Überdies scheinen die Leunawerke, die heute 32000 Menschen beschäftigen, zur Untersuchung auch aus einem anderen Umstand geeignet: Ich kann mich hier auf eigene Vorarbeiten zur Konzeption einer fachwissenschaftlichen Sonderausstellung des Deutschen Instituts für Länderkunde über „Die Chemieindustrie und der geographische Raum" stützen. Ein Teil der Karten, die ich meinen Ausführungen zugrunde lege, entstammt dieser Ausstellung, um deren Ausarbeitung sich die Mitarbeiter des Deutschen Instituts für Länderkunde sehr verdient gemacht haben. Besonders die Herren Diplomgeographen Ernst Benedict und Frankdieter Grimm verstanden es, die schwierig zu erschließenden Quellen – meist handgeschriebenes betriebsstatistisches Material oder Unterlagen wissenschaftlicher Dienste und Institutionen, wie z. B. des Meteorologischen und Hydrologischen Dienstes oder der Wasserwirtschaftsdirektion Saale – Weiße Elster – in sehr anerkennenswerter Weise auszuschöpfen.

Die Wahl der Chemieindustrie als Beispiel für die raumstrukturelle Bedeutung eines hochproduktiven Industriezweiges begründet sich schließlich darin, daß jedes der Ballungsgebiete der DDR durch eine Spezialisierung gekennzeichnet ist. Im Halle-Leipziger Ballungsgebiet herrscht die Chemie (1962) mit 27,5 % der Beschäftigten und einem Anteil an der Bruttoproduktion von 42,2 % vor.[1]) In weitem Abstand folgen der Bergbau mit 13,5 % der Beschäftigten und 7 % der Bruttoproduktion, der Schwermaschinenbau mit 7,8 %

[1]) Siehe hierzu wie allgemein zur Frage der Größenordnungen von Bevölkerung und Industrie i. d. Ballungsgebieten die grundsätzlichen Ausführungen von D. Scholz, Habil.-Schrift, 1965, a. a. O., S. 41 ff.

der Beschäftigten und 8,1 % der Bruttoproduktion und andere Industriezweige. Wie sich im Halle-Leipziger Gebiet die Spezialisierung in der Form der an erster Stelle stehenden Chemieindustrie abzeichnet, so übernehmen diese „ballungstypische" Funktion im Raum Karl-Marx-Stadt die Textilindustrie, in den Ballungsgebieten Dresden und Berlin die Elektrotechnik.

Problemstellung und These

Die im ökonomischen, urbanistischen und ökonomisch-geographischen Fachschrifttum oft betonte Bedeutung der Industrie als eines stadtbildenden Faktors verdeckt angesichts der zweifellos engen Relation zwischen Industrie und Stadtwachstum die Tatsache, daß der Aufbau großindustrieller Betriebe auf „grüner Fläche" zum mindesten in der ersten Phase der Entwicklung weniger zum Neuaufbau von Städten als zu einer „Verstädterung" größerer Landstriche, insbesondere der Landgemeinden, führt. Die ursprünglich durch die Rohstoffe Kohle und Wasser sowie durch die günstige Lage in der Leipziger Tieflandsbucht angeregte und geförderte wirtschaftsterritoriale Entwicklung ist im Begriff, die Züge einer großflächigen, teils verdichteten, teils weithin aufgelockerten Agglomeration von Wohnsiedlungen anzunehmen. Die „Konsumtion", aufgefaßt als Begriff für die Wohnplatz-Bindung von Arbeitskräften nicht unmittelbar an die Produktionsstätten, sondern an Orte optimaler Erfüllung materieller, psychischer und kultureller Ansprüche, gewinnt als landschaftsbildender Faktor eine wachsende Bedeutung. Dieser Prozeß wird durch die Verminderung des Anteils von Beschäftigten im industriellen, bergbaulichen und landwirtschaftlichen Sektor der Produktion auf Grund der Automation und anderer Umstellungen gegenüber der Zunahme im Sektor der Verwaltung, Versorgung, Verkehr und Kultur, also im Bereich der „Konsumtion", beschleunigt. Der Halle-Leipziger „Ballungsraum", in dem die Leunawerke einen der Kernpunkte darstellen, ist in zunehmender Verdichtung der Industrie und Bevölkerung begriffen, ohne daß es bisher zu einer grundsätzlich neuen Ordnung der Siedlungen gekommen ist, sondern nur zu anderen funktionellen Zuordnungen der dörflichen und städtischen Siedlungen, die aber die alten Bindungen an die städtischen Zentralorte als Konsum- und Bedienungszentren nicht schwächten, sondern in manchen Fällen sogar verstärkten.

Physiognomie des Halle-Leipziger Gebietes

Die landschaftliche Physiognomie gibt uns nur zu einem Teil den wissenschaftlichen Zugang zur industriellen Struktur eines Territoriums frei. Es sind Abstraktionen notwendig, deren feste Stützen quantitativ gesicherte Ergebnisse räumlicher Analysen sind. Selbst ein Künstler sieht die Landschaft nicht als bloße Erscheinung. Aber er vermag – Cézanne etwa – ihr Wesen anzudeuten. Eine wissenschaftliche Annäherung setzt aus einer großen Zahl von Zügen ein Bild zusammen, das der Künstler unmittelbar erfaßt! Wo sind hier, im Halle-Leipziger Raum, die Charakterzüge eines Ballungsgebietes wahrzunehmen? Der Prozeß der Ballung ist augenscheinlich nur an wenigen Punkten – in Leuna und Ammendorf, in Mücheln oder in Lützkendorf zum Gerinnen gebracht. Das scheint mit der üblichen Kennzeichnung des Gebietes als des westlichen Teiles des Halle-Leipziger „Ballungsraumes" in Widerspruch zu stehen. Die agrarbäuerliche Raumgliederung leuchtet durch die von der Industrie und vom Bergbau überformte Landschaft in mehr oder weniger großen Flächen hindurch. Alle die leicht geschwungenen Horizontlinien, die die flachen Bodenformen nachzeichnen, ordnen sich dem beherrschenden Landschaftsmotiv unter, den weitgespannten, kaum merkbar nach NE geneigten Ebenheiten, unter denen die „Lützener Platte" und die „Unstrut-Platte" sich deutlich vom Altenburg-Zeitzer Hügelland und vom östlichen Harzvorland abheben. Aus ihrer Lößbedeckung bildete sich auf großen Arealen ein landwirtschaftlich ertragreicher Ackerboden mit Bodenwertzahlen über 90. Die Lage im thermisch begünstigten, nur auf Grund der Jahresniederschlagssumme, nicht aber während der Vegetationsperiode als „Trockengebiet" zu kennzeichnenden Regenschattengebiet des Harzes verband sich mit der Gunst der Böden und schuf hier die besten Voraussetzungen für eine frühe Landnutzung und dichte Bevölkerung, die sich schon in der jüngeren Steinzeit – den prähistorischen Siedlungsausmaßen entsprechend – abzeichnen. Wie in vielen Gebieten glazialer Ablagerungen gehen die Bodenformen ohne physiognomisch faßbare Grenzen ineinander über. Andere Geofaktoren als das Relief gewinnen entscheidenden Einfluß auf das natürliche Gefüge. Die selbst auf kleinen Flächen schnell wechselnde Mächtigkeit und Zusammensetzung des saale- und elsterzeitlichen Deckmaterials, in dem sich, wie H. Richter [1]) bemerkte, „die Dominanz des Bodens für die innere Gliederung eines Flachlandes spiegelt", hat für die landschaftsökologische Differenzierung erhebliche Bedeutung, in einem geringen Ausmaß auch für die ursprünglichen, in die Gegenwart hineinwirkenden Ansatzpunkte der Siedlung im Agglomerationsgebiet.[2])

---

[1]) Hans Richter „Die Böden des Leipziger Landes", Wiss. Veröffentl. d. Dt. Inst. f. Länderkunde, Leipzig, Neue Folge Bd. 21/22, S. 19ff.

[2]) Edgar Lehmann „Geographie als angewandte Wissenschaft", Sitzungsberichte der Dt. Akad. d. Wissenschaften zu Berlin, Klasse Chemie, Biologie, Geologie, Jahrgang 1967, H. 1.

Hier möchte ich im Sinne unserer These den Akzent auf die Beobachtung setzen, daß ähnlich wie in der physiogeographischen Struktur, die einheitlich scheint, aber durchaus differenziert ist, auch die Kulturlandschaft vielfältiger gebaut ist als es ihre relativ einfache, durch einige starke Konzentrationspunkte der Industrie und Bevölkerung geprägte Physiognomie verrät. Die weithin noch agrarwirtschaftlich bestimmte Landschaft ist nur scheinbar voller Ruhe. Sie ist durch die verstreut umgehenden, immer schneller vorgetriebenen Tagebau auf Braunkohle in mächtiger Bewegung. Umgeht man die ländlichen und städtischen Siedlungen und hält den Blick auf das offene Land gerichtet, so kann es wohl geschehen, daß man unvermittelt, wie von dem Plateau einer Mittelgebirgslandschaft, in das ein Fluß tief eingeschnitten ist, in eine große Grube des Braunkohlentagebaus hineinschaut. Eigentliches Symbol der Industrialisierung des Gebietes um Leuna sind die elf 120 m hohen Schornsteine des Werkes mit seiner über 3 km hingezogenen Front. Es ist mit der unerbittlichen Konsequenz wirtschaftlicher Notwendigkeit in die weite, auch heute noch stille Ackerbaulandschaft hineingesetzt. Ähnlich hart stoßen sich die landschaftlichen Eindrücke am Rande des Geiseltales, dessen Großtagebaubetriebe ursprünglich die Braunkohlen für Leuna, die Mineralölwerke Lützkendorf sowie für die Bunawerke in Ammendorf (südl. von Halle), dem gegenwärtig größtem Karbidproduzenten Europas, lieferten.

Die Industriekonzentration im Verhältnis zur siedlungsgeographischen Struktur

Eine Feststellung erscheint bis zu diesem Punkt unserer Ausführung wichtig: Die Einflüsse der Industrialisierung sind bisher nicht so stark wirksam geworden, daß im Halle-Leipziger Gebiet ein Industrieraum vom Typus des Ruhrgebietes entstanden ist, sondern eher ein Gebiet, das dem Stuttgarter Raum als Ballungsraum nahesteht. Wolf-Dieter Sick [1]) zeigte, in welch starkem Ausmaß im Stuttgarter Ballungsraum ländliche Wirtschafts- und Lebensformen vorhanden sind. Ein Vergleich mit dem Ruhrgebiet, diesem stärksten westdeutschen Ballungsgebiet, in dem die durchschnittliche Bevölkerungsdichte (1962) übrigens nicht wie im Halle-Leipziger Raum bei 455 Ew. pro qkm, sondern bei 930 Ew. liegt, verdeutlicht, welchen Zuwachs an funktionalem Bedeutungsgewinn die Industrien dort, an Rhein, Ruhr und Lippe, genommen haben und wie sie es ebenso hier, im weiteren Bereich der Saale, zu nehmen

---

[1]) Wolf-Dieter Sick „Die Agrarlandschaft des Stuttgarter Raumes", Geogr. Rdschau, 17. Jg., 1965, S. 1 ff.

im Begriff sind. Bochum hat 1818 nur 2600 Ew. Die Wirtschaftsentwicklung auf Grund des Bergbaus setzt erst 1850–60 ein. Zwischen 1875 und 1880 sind im Stadtgebiet 14 000 Bergleute und 5000 Stahlarbeiter ansässig. Die heutige Stadt zählt 367 000 Personen, in deren beruflicher Struktur sich eine deutliche Tendenz vom Bergbau und von der Landwirtschaft zur verarbeitenden Industrie und zu Handel, Verkehr und Dienstleistungen abzeichnet.[1]) Nach Prognosen von J. Ziranka[2]) sollen 1970 von allen Bochumer Erwerbstätigen 44 % in Handel, Verkehr und Verwaltung tätig sein! Es sind die Dienstleistungsgewerbe, die nicht nur in Bochum, sondern in all den Städten des Ruhrgebietes, die sich aus kleinen Städten zu Zentralorten mittlerer und höherer Ordnung entwickelten, einen bedeutenden Strukturwandel einleiten.[3]) Dieser Wandel geht insbesondere von den Hellwegstädten aus, jener Städtereihe, die sich von Marktstädten an der alten Handelsstraße des Hellweges ableiten und heute die großen Einkaufzentren des Ruhrgebietes darstellen.[4])

Die Geschichte, die große Formerin auch industrialisierter Landesteile, spielt in die Art der Verflechtung verschiedener Faktoren hinein und prägt, auch physiognomisch faßbar, den Charakter größerer, von der Industrie nur punktweise eingenommener, aber flächenhaft durchaus beeinflußter Räume. Es entsteht die Frage: Sind die Wohnsiedlungen, die durch die punktweise Verteilung der Industrie und die große Zahl der in ihr tätigen Menschen zu selbständigen Standortelementen geworden sind, gegenüber der Industrie, die selbstverständlich ihre Ursache ist und bleiben wird, heute nicht als die eigentlichen Zellen der Verdichtung, der Bildung eines „Ballungsgebietes" anzusehen? Um diese durch unsere These ausgelöste Teilfrage zu beantworten, beschränken wir uns auf die der geographischen Methode zugängliche Untersuchung des Leunawerkes und seines Einflusses auf die Struktur des Ballungsgebietes. Wir analysieren mittels des ausgewählten Beispieles die innere Gefügeordnung, die durch die Industrie entstanden ist, widmen hierbei besondere Aufmerksamkeit dem Verhältnis zwischen Wohnsiedlung und in-

---

1) Dietrich Bartels „Die Bochumer Wirtschaft in ihrem Wandel und ihrer räumlichen Verflechtung" in „Bochum und das mittlere Ruhrgebiet", Paderborn, 1965, S. 143.

2) J. Ziranka „Auswirkungen von Zechenstillegungen und Rationalisierungen im Steinkohlenbergbau auf die Wirtschaftsstruktur ausgewählter Gemeinden im niederrheinischen Industriegebiet", Köln-Opladen 1964, Forschungsberichte d. Landes Nordrhein-Westfalen Nr. 1311.

3) Heinz Günter Steinberg „Die sozialökonomische Entwicklung des Ruhrgebietes seit 1945, Geogr. Rdsch., 17. Jg., 1965, S. 200.

4) H. Knübel „Die räumliche Gliederung des Ruhrgebietes", Geogr. Rdsch., 17. Jg., 1965, S. 186.

dustriellem Standort, das wir als wichtige Funktion des Charakters eines Ballungsgebietes besonders herausheben, und versuchen auf diesem Weg zur Erkenntnis der Struktur des Ballungsgebietes, zugleich seiner künftigen Entwicklung, einen Beitrag zu liefern.

In den zahlreichen Schriften zur volkswirtschaftlichen Theorie des Standortes wie in der umfangreichen Literatur, in der von geographischer Seite die Struktur und die Funktion von Ballungsgebieten untersucht wird, steht die Ursache der Ballung, also die Erörterung von Fragen der ursprünglichen Standortwahl, im Vordergrund. Es wird die Herausbildung von industriellen Agglomerationen im wesentlichen mit folgenden Argumenten charakterisiert: In den Städten, besonders in den Großstädten, handele es sich um Orte mit optimaler Kostendegression, während außerhalb der Städte das Lokalisationsphänomen durch technisch verwendbare Rohstoffe in Verbindung mit einer günstigen Arbeitskräftebeschaffung und der Ausnutzung vorteilhafter Verkehrsbeziehungen erklärt wird. Es steht außer Frage, daß die Konzentration industrieller Produktion wie ihre Dispersion über ein größeres Gebiet zunächst aus rein ökonomischen Gründen Folgeprozesse auslöst, die einem bestimmten Territorium infolge des allmählichen Wandels in den wirtschaftlichen und sozialen Funktionen eine neue Struktur verleihen.[1]) Das räumliche Äquivalent der industriellen Agglomeration ist das Wachstum der Bevölkerung im Gebiet. Es ist dabei aber nicht zu übersehen, daß der Industriekonzentration – abgesehen von den Städten – eine Häufung von Wohnbevölkerung am Arbeitsplatzort nur zögernd oder in einem relativ geringen, der Dimension neu errichteter Betriebe nicht entsprechenden Ausmaß gefolgt ist.

Worin liegen die Ursachen für diese auffälligen Disproportionen im Wirkungsgefüge des Ballungsgebietes? Sind Agglomerationstendenzen städtischen Charakters in der Zeit der Automation der Großbetriebe und der mit ihr verbundenen zahlenmäßigen Herabsetzung der industriell tätigen Arbeitskräfte im Rahmen einer sich völlig wandelnden Produktionstechnik überhaupt als notwendige Folge der Industrieentwicklung zu erwarten oder anzusehen? Es bedarf kaum des Hinweises, daß die wertenden Vorstellungen, die die

---

[1]) G. Schmidt-Renner, der die territoriale Seite der Arbeitsteilung nach Industriezweigen und ihr Gegenstück, die Kooperationen in Form gegenseitiger Lieferbeziehungen untersuchte, wies auf die „örtlich-räumliche Aufspaltung" der gesellschaftlichen Entwicklung und ihren Zusammenschluß zu in sich und voneinander differenzierten Standortkomplexen oder Verbänden, die er „Wirtschaftsgebiete" nennt. Siehe seinen Aufsatz „Über historisch-materialistische Ursachen für die Bildung von Standortkomplexen und Territorialstrukturen der Produktion", Wiss. Zschr. d. Hochschule für Ökonomie 1962, Volkswirtschaftl. Fakultät, S. 159.

Menschen von ihrer Umwelt haben und die zu Motiven ihres Handelns werden, in einem sozialistischen Staat andere Möglichkeiten und Grenzen ihrer Verwirklichung finden als in Gebieten, die einer kapitalistischen Marktwirtschaft überlassen sind. Der Unterschied der Produktionsverhältnisse spiegelt sich in der Physiognomie, vor allem in der verschiedenen Einflußstärke, die die Kommunalverwaltungen auf die Entwicklung von Versorgungseinrichtungen, auf die Grundstückspreise, auf die Sozialgruppen bis hin zur Verteilung der Bevölkerung, insbesondere ihrer Dichte, nehmen.

Grundsätzlich wichtig ist es, festzustellen, daß ein Ballungsgebiet höchsten Produktions- und Sozialpotentials nur dann entwickelt werden kann, wenn über das Materielle hinausgehende Ansprüche in der geographischen Lebensumwelt erfüllt werden können. Das Wohnen, das Beschaffen, die Dienste (wie Ladenzentren, Verwaltungen und Schulen, sanitäre Einrichtungen, bis hin zur Erholung) gewinnen für die geographische Strukturanalyse eine Bedeutung, die nicht geringer ist als das bisher in der Diskussion der Industrieentwicklung weitaus im Vordergrund stehende Standortphänomen. Diese Verschiebung der Wirksamkeit von Faktoren, die einen Wirtschaftsraum, insbesondere ein Ballungsgebiet formen, bedingt es, das Problem der Industrialisierung und Technisierung ökologisch zu sehen, das heißt als landeskulturelle Aufgabe, deren Lösung in der Herstellung einer ausgeglichenen Beziehung zwischen dem Menschen mit seinen vielfältigen, materiellen und kulturellen Ansprüchen auf der einen Seite, der Natur, der Technik und Industrie auf der anderen Seite liegt. Das bedeutet, durch quantitativ und qualitativ differenzierte Analysen herauszuarbeiten, welche Bedeutung der industriellen Produktion gegenüber der „Konsumtion" im Rahmen einer konstruktiven Territorialplanung zuzumessen ist. Aus dem kartographischen Niederschlag zahlreicher statistischer Analysen, die einige meiner Mitarbeiter, besonders die Herren Diplomgeographen Ernst Benedict und Frank-Dieter Grimm sowie Frau Dipl.-Geogr. Jutta Haase durchführten, läßt sich leicht eine Vorstellung über einige wesentliche Trends der Entwicklung gewinnen.[1]) Um es vorwegzunehmen: die herausgegriffenen Ergebnisse der Analysen lassen meines Erachtens die Schlußfolgerung zu, daß wir beim Blick in die landschaftliche Zukunft zu einer neuen gedanklichen Stellungnahme nicht nur berechtigt, sondern gezwungen sind. Nicht die Industrie, auch nicht die Technik und die sie tragenden Spezialwissenschaften wie die Chemie, die Physik, sondern die Konsumtion, das heißt das Wohnen und Siedeln des Menschen, seine bio-

---

[1]) Von der Beifügung zahlreicher, meist mehrfarbiger Karten, die im Rahmen des vorliegenden Referates als Diapositive projiziert werden, muß leider abgesehen werden.

logische Sicherung, seine heimatliche, seine materielle und geistige Erfüllung sind die dominanten Wirkkräfte im territorialen Evolutionsprozeß. Wenn die industrielle Produktion, die als Ursache der Bevölkerungsagglomeration im Vordergrund der Analysen zu stehen pflegte, in den späteren Phasen der Kulturlandschaftsforschung an die zweite Stelle rückt, so ist doch ihre geographische Untersuchung selbstverständlich nicht minder notwendig.

Wandlungen der Flächennutzung im Halle-Leipziger Gebiet

Eine Weitwinkelaufnahme aus 11 000 m Höhe würde es gestatten, im ungefähren Bildmaßstab 1:125 000 ein Areal von 840 qkm, also mehr als $^1/_5$ des Ballungsgebietes, zu überschauen. Die Deutung räumlicher Zusammenhänge wäre erleichtert. An die Städte, Vorstädte und Dörfer im weiten Gebiet um Leuna haben sich, so würden wir wahrnehmen, wie Wucherungen an einem Organismus Wohnbauten angesetzt. Noch spannen sich breite Flächen erstklassiger Ackerböden, die durch Düngung erneuerbar und in Zukunft noch intensiver nutzbar sind, zwischen die nicht erneuerbaren Flächen, die die Grundstoffe der chemischen Industrie und der Energie, die Abbaugebiete der Braunkohle enthalten. Sie wühlen sich immer tiefer in die agrarisch ergiebigen Landstriche hinein. Allmählich wird die Fläche, die zur Besiedlung, zur Landwirtschaft und Erholung übrigbleibt, knapper. Die Nutzung der Braunkohle, die sich als hohe Produktivkraft der Gegenwart erweist, nimmt Züge an, die sich zum Teil als irreparable Zerstörung landschaftlicher Potenzen und zugleich geistiger Werte erweisen können.

Nicht die Städte und urbanisierten Landgemeinden sind es, – sondern die großen Abbaugebiete der Braunkohle, die die notwendigen agrarischen Nutzungsflächen wert- und flächenmäßig bedrohen. Selbst in Großbritannien, in dem das Wohnen in Einzelhäusern üblich und fast zur Landessitte geworden ist, rechnet man in Zukunft mit einer Häuserdichte von 60 pro ha. R. E. Dickenson [1]) bemerkte angesichts der zu erwartenden Erhöhung der agrarischen Erträge und des städtischen Wachstums, das sich z. T. in Hochhäusern abspielt, daß mit einer Landknappheit in den nächsten 50 Jahren in dem hochindustrialisierten Großbritannien nicht zu rechnen ist. Die Forschungsergebnisse der Chemie und Biologie, die zu einer Erhöhung der Düngung mittels Zufuhren von Grundelementen wie Kali, Stickstoff und

---

[1]) Robert E. Dickenson „Kritische Bemerkungen zur Landesplanung in Großbritannien", Die Erde, 95. Jg., 1964, S. 101.

Phosphor, aber auch von Spurenelementen mit der Wirksamkeit eines Biokatalysators führten, finden im Landschaftsgefüge darin ihren Niederschlag, daß die gegenwärtige Nutzfläche auch bei Wachstum der Bevölkerung genügen wird, wenn sie, gestützt auf landschaftsökologische Vorlaufarbeiten, in ihrem gegenwärtigen Bestand erhalten bleibt.

Wir betrachten die Leunawerke im Gesamtgefüge ihrer Umgebung unter zwei im Grunde ökologischen Aspekten:

1. behandeln wir die Auswirkungen des Leunawerkes auf Grund der Beziehungen, die zwischen diesem Großbetrieb der chemischen Industrie und den von der Physis dargebotenen Kräften und Hilfsquellen bestehen. Der Mensch lenkt als Partner der Natur die Evolution in falsche Bahnen, wenn er nicht die aktive, weit in die Zukunft planende Zentralfigur eines bestimmten Lebensumlandes bleibt. Anders als in der Landschaftsökologie, die Bilanzierungen der physischen Partialkomplexe anstrebt und ihren Wirkungszusammenhang unter Ausschluß des Menschen untersucht, steht hier das ökologische Problem in seinem ursprünglichen Sinn an: der Mensch, selbst Teil der Natur, wird als ein in seiner natürlichen Umwelt evolutionär wirkendes Wesen aufgefaßt.

2. berühren wir die sozialgeographischen und ökonomischen Verhältnisse, in deren Bereich die Ideen und Ideologien, überhaupt die gesellschaftlichen Faktoren eine entscheidende Bedeutung für die landeskulturelle Entwicklung gewinnen. Sie vermögen das ökologische Gleichgewicht zwischen Mensch und Natur zu erhalten und zu stärken oder auch bis zu katastrophalen Ausmaßen zu stören.

Unter diesen beiden Aspekten können wir nur wenige Sachverhalte betrachten. Es sind Ergebnisse, die dargeboten werden. Wir nehmen die Wirkung von Funktionen zur Kenntnis, die Einflüsse auf die landeskulturelle Entwicklung haben. Wir sehen uns auf diese Weise in die Lage versetzt, von den Endergebnissen ausgehend einerseits bestimmte Komponenten möglichst bis zu ihren Ursprüngen zurückzuverfolgen, andererseits in den Teilvorgängen die Ansatzpunkte zu erkennen, von denen aus in den Prozeß wiederum von seinem vorliegenden Endergebnis her – dieses gleichsam aktualisierend – verbessernd eingegriffen werden kann.

Die naturräumliche und ökonomisch-geographische Gliederung des Halle-Leipziger Raumes zeichnet sich nicht in einer zonalen Ordnung ab, wie sie zum Beispiel im Ruhrgebiet [1]) besteht. Die Braunkohlentagebauten sind weit über die Fläche verstreut. Sie haben sich längst von den Brikettfabriken und

---

[1]) G. Mertins „Die Entwicklung von Bergbau und Eisenindustrie im westlichen Ruhrgebiet", Geogr. Rundschau, 17. Jg., 1965, S. 171.

den Giganten der chemischen Großindustrie entfernt, die sich an die Braunkohle als Rohstoffgrundlage anlehnten, solange nicht das vorwiegend über Schwedt a. d. Oder zur Zeit auf dem Schienenweg, später über eine Fernleitung herangeführte Erdöl der Sowjetunion an seine Stelle getreten war. Im Ruhrgebiet bezeichnen die west-östlichen, von der Natur vorgezeichneten Verkehrslinien des Ruhrtales, an dessen südlichem Randgebiet die Zechen und Gruben zuerst ihren Standort nahmen, ferner der fruchtbare, lößbedeckte Hellweg, die Straßen südlich und nördlich der Emscher bis hin zu den Standorten der chemischen Großindustrie am Lippe-Seitenkanal räumliche und zeitliche Etappen der Industrieentwicklung. Der streifenförmigen, an ganze Städtereihen gebundenen Anordnung der Industrie im Ruhrgebiet steht eine unregelmäßig struierte, aus Groß-, Mittel- und Kleinstädten, aus reinen Bauerndörfern und reinen Industriesiedlungen sowie aus einer großen Zahl, ehemals nur dem Ackerbau dienender, durch die Werktätigen der Industrie umgeprägter Dörfer im Halle-Leipziger Raum gegenüber. Die Punkte, von denen aus die Industrialisierung erfolgte, sind ungleichartig, jedoch nur scheinbar regellos über den Halle-Leipziger Raum verteilt. Neben den Großstädten des Ballungsgebietes sind die Standortkomplexe der chemischen Großindustrie zu Arbeitsplatzzentren eines weit in ihrem Umkreis gelegenen Bereiches urbanisierter Landwohngemeinden geworden. Es bildeten sich innerhalb des Ballungsgebietes unterschiedlich strukturierte Konzentrationsräume von Industrie und Bevölkerung. Sie lassen sich, wie es Dieter Scholz [1]) in mühevoller Arbeit durchführte, aus statistischen Grundlagen nach Gemeinden und Industriezweigen ableiten. Sie heben sich aus den agrarisch orientierten Gebieten heraus, die bei hoher Produktivität (30 bis 50 Getreideeinheiten pro ha [2])) die Räume zwischen ihnen füllen. G. Mohs [3]) erarbeitete eine Karte, aus der sich schließen läßt, daß die landwirtschaftlich genützten Gebiete meist über der durchschnittlichen Bevölkerungsdichte der DDR von rd. 180 Ew. vorwiegend in den Stufen 300 bis 500 und 500 bis 750 Ew. pro qkm (bezogen auf Kreisflächen von 5 km Durchmesser) liegen. Da der Arbeitskräftebesatz selbst in den Agrargemeinden außerhalb von Agglomerations-

---

[1]) D. Scholz „Die Industrie im Ballungsgebiet Halle-Leipzig", Habil.-Schrift a. d. Math. Nat. Fakultät der Karl-Marx-Universität zu Leipzig, 1965, S. 129.

[2]) W. Roubitschek „Die regionale Struktur der pflanzlichen Bruttoproduktion in der Deutschen Demokratischen Republik 1955 (1953–57) und ihre Veränderungen gegenüber 1935", Pet. Geogr. Mitt., Gotha 1964, S. 69 ff.

[3]) G. Mohs „Karte der regionalen und lokalen Konzentration im Ballungsgebiet Halle-Leipzig", Kartenbeilage zu „Die Bevölkerungs- und Siedlungsentwicklung im Ballungsgebiet Halle-Leipzig", Wiss. Veröff. d. Dt. Inst. f. Länderkunde zu Leipzig, Neue Folge 21/22, 1964, S. 313 ff.

räumen kaum noch über 20 bis 22 Personen pro 100 ha – also pro qkm – landwirtschaftlicher Nutzfläche (Scholz [1]) 1965) liegt, erweisen sich die Bereiche zwischen den Konzentrationsräumen der Industrie als Arbeitskräfteeinzugsbereiche, die mit den industriellen Kernräumen eng verbunden sind. Der Vergleich topographisch-geologischer Karten mit Karten der Bevölkerungsentwicklung würde zeigen, wie sich neben die Entwicklungsschwerpunkte des Ballungsgebietes, die Städte Halle und Leipzig mit ihrer sich stetig steigernden, vielseitigen Produktion unter Vorrang der Maschinenindustrie seit der Jahrhundertwende, besonders aber seit dem 1. Weltkrieg, wesentlich einseitiger struierte, aber in sich verflochtene chemische Großbetriebe als neue Ansatzpunkte einer Ballung mitten in die Braunkohlenreviere setzten.

Kohle und Wasser als Standortfaktoren

Welche Rolle spielen in diesem Zusammenhang die Veränderungen, die sich im Rohstoffeinsatz der chemischen Industrie vollzogen, zum Beispiel durch die Verwendung von Erdöl an Stelle von Braunkohlenprodukten. Sie haben eine Lösung von den Braunkohlengrubenlagern nicht eingeleitet. Die bis etwa 1970 überschaubaren Tendenzen zielen auf eine Verstärkung der Energiewirtschaft durch Kraftwerksneubauten, also zu einer weiteren Steigerung der Kohleförderung trotz Verwendung des Erdöls in der Großchemie, die im Bau von Leuna II auf einem 200 ha großen Gelände südwestlich des Altwerkes zur Zeit ihren stärksten Ausdruck findet. Noch im Jahr 1966 soll die Inbetriebnahme der Benzinspalt- und Gastrennanlage sowie der Polyäthylenfabrik als erste Phase im Aufbau dieser ersten petrolchemischen Anlagen der DDR erfolgen. Die kontinuierliche Verdichtung der Industrie, die sich aus technologischen Gründen veranlaßt sieht, die neuen petrolchemischen Betriebe unmittelbar neben die bestehenden Anlagen zu setzen, führt nur in Teilbereichen zur Lösung von den lokalen Naturgrundlagen, die mittelbar, durch Verwendung der Braunkohle zur Energiegewinnung, eine große wirtschaftliche Bedeutung behalten. Auf die Frage, wieweit die Naturgrundlagen, insbesondere die Kohle und das Wasser, als teils integrierende, teils desintegrierende Faktoren auf die Kulturlandschaft, das heißt auf die Formung des menschlichen Lebens im Raum einwirken, kann nur kurz eingegangen werden. Ich beschränke mich auf ein einziges Beispiel, das Wasser, das ebenso wie die Kohle und fast alle anderen natürlichen Hilfsquellen eine erhebliche Wertveränderung durch die technologische Entwicklung erfahren hat.

---

[1]) D. Scholz, Habil.-Schrift 1965, a. a. O., 1. Halbbd., S. 129.

Das Leunawerk hat einen Zug mit fast allen Standorten der Chemieindustrie auf der ganzen Erde gemein: die Abhängigkeit vom Wasser als Hilfsmittel der Produktion – neben der Notwendigkeit, über Kohle und Erdöl und andere Rohstoffe als chemische Ausgangsmaterialien sowie Energieerzeuger zu verfügen. Die Mengen von Betriebs- und Kühlwasser, die von den Leunawerken benötigt werden, sind gegenwärtig (1965) 5 bis 6mal höher als der Wasserkonsum der Stadt Leipzig (Leuna = 280 Mill. m^3/Jahr, Leipzig = 48 Mill. m^3/Jahr). Diese großen Wassermengen können nur von einem wasserreichen Fluß geliefert werden. Der Halle-Leipziger Raum ist einer der Schwerpunkte der Wasserwirtschaft geworden. Das Problem, vor das sich Wissenschaft und Praxis gestellt sehen, ist, die absolute Größe des Wasserdargebotes, die sich ja nicht ändern läßt, in höchstem Maße effektiv zu machen. Die geringen Jahresniederschläge von 450–500 mm im 40jährigen Mittel in diesem praktisch wasserärmsten Gebiet Mitteleuropas, sind die Hauptursache nicht nur für eine geringe Grundwasserbildung, sondern auch für die geringen Oberflächen-Abflüsse. Diese natürliche Mangelerscheinung wird auch kaum dadurch gemildert, daß die Saale als ein verhältnismäßig wasserreicher Fluß das Gebiet durchzieht. Denn: Die Wasserführung der mittleren Saale geht in den Sommermonaten stark zurück. Auf einer Karte gleichen Titels, die wie der gesamte Problemkreis Hydrogeographie für die oben genannte Ausstellung von Frankdieter Grimm bearbeitet wurde, ist durch ein breites hellblaues Band der MQ, der mittlere jährliche Abfluß in der Periode 1932–1960, angedeutet. Dem MQ steht als schmale tiefblaue Linie der SNQ gegenüber, der selten unterschrittene Niedrigabfluß, also ein Abfluß, der kleiner ist als der 30tägige Unterschreitungswert im ungünstigsten Abflußjahr eines bestimmten Zeitraumes (1932–1960). Überdies sind die mittleren monatlichen Abflußwerte (1932–1960) in cbm pro sec., mithin die MQ-Werte als Säulendiagramme den einzelnen Stadtsignaturen zugesetzt.

Die Auswirkungen der im Gebietswasserhaushalt von Natur gegebenen Verhältnisse auf die Chemieindustrie Leunas und umgekehrt die notwendigen wasserwirtschaftlichen Maßnahmen und ihre kulturgeographischen Folgeerscheinungen können nur angedeutet werden. Der Vergleich der Wasserführung der oberen Saale mit der Ilm und mit der Unstrut über die Monate des hydrologischen Jahres hin zeigt den höheren Anteil des Wassers der oberen Saale am Gesamtabfluß in den Sommermonaten. Es kommt überdies der Einfluß der Saaletalsperren, insbesondere der in ihnen gespeicherten Frühjahrshochwässer, zum Ausdruck, da die Wasserführung der Saale in den Sommermonaten, in denen an sich eine relativ niedrige Wasserführung zu verzeichnen ist, sonst noch geringer sein würde. Frankdieter Grimm hob in den Legenden der erwähnten Karten hervor, daß die Speicherräume im Mittelgebirge wegen der zum Teil ungünstigen geologischen Verhältnisse nicht ausreichen, um einen vollständigen Abflußausgleich herbeizuführen. Bedarfsschwerpunkte wie Leuna müssen daher in Zukunft an der Fernversorgung teilhaben, die den kostbaren Rohstoff Wasser über ein Verbundsystem aus weniger in Anspruch genommenen Flußgebieten, vor allem den glazialen Urstromtälern, z. B. der Elbaue, heranführt.

Die gegenseitige Abhängigkeit aller Funktionen in der Natur wie in der Technik spiegelt sich darin, daß die Veränderung einer einzigen Komponente des Wasserhaushaltes sofort die Verbindungen aller Komponenten miteinander im Sinne einer Verschiebung des gesamten Gleichgewichts beeinträchtigt. Die Beobachtungen des Abflußganges der Saale oberhalb Leuna in den Jahren 1952, 1957, 1959 und 1963 zeigen an dem Verhalten einer einzigen Komponente des Wasserhaushaltes, eben des Abflusses, daß selbst in einem normalen Abflußjahr (1952) die Brauchwasserversorgung der Leunawerke ohne das Zuschußwasser der Saaletalsperren nicht gewährleistet wäre. Frankdieter Grimm stellte fest: „1957 waren die Abflußmengen ausreichend, um die Wasserversorgung der Leunawerke ohne Zuschußwasser der Saaletalsperren sicherzustellen. Sommer und Herbst 1959 waren abflußarm. Eine hinreichende Versorgung der Leunawerke mit Brauchwasser konnte nur durch die Zuschußwassermengen der Saaletalsperren ermöglicht werden. Zu Jahresbeginn waren beide Talsperren, die Hohenwarte- und die Bleiloch-Talsperre, gefüllt, am Jahresende waren ihre Wasservorräte erschöpft und konnten auch im Winter nicht wieder aufgefüllt werden. Wäre 1960 wiederum ein Trockenjahr geworden, hätten die Saaletalsperren nicht annähernd in gleicher Weise zur Niedrigwasseraufhöhung beitragen können. Ein extremes Trockenjahr wie 1934 müßte zu monatelangen erheblichen Einschränkungen des Wasserverbrauches der Leunawerke führen. Denn: 1934 traten die bisher niedrigsten beobachteten Werte an der mittleren Saale auf. Der niedrigste Abfluß betrug 6,7 m^3/sec. Hinreichende Brauchwasserentnahme war für die Leunawerke nicht mehr möglich. Seither hat sich der Brauchwasserbedarf der Leunawerke mehr als verdoppelt. Ein Trockenjahr wie 1934 würde schwerwiegende Folgen für die Wasserversorgung der Leunawerke haben. Die inzwischen erweiterte Kapazität der Saaletalsperren (Hohenwarthe-Talsperre) würde nicht ausreichen, den Fehlbedarf auszugleichen".

Und dennoch: Was für Ludwigshafen und Leverkusen der Rhein, für Hoechst der Main bedeuten, ist die Saale für die Chemieindustrie im Halle-Leipziger Raum, – wenn auch in einem sehr eingeschränkten Sinn. Der Rhein wird häufig als Lebensnerv für die chemische Industrie bezeichnet, da er nicht nur die benötigten Betriebswassermengen liefert und als Vorfluter für die Abwässer wirkt, sondern als Wasserstraße die Rohstoffmassen billig heranzuführen gestattet.[1]) Die Saale ist solchen Transportanforderungen nicht gewachsen. Die Bedeutung der Saale liegt fast ausschließlich in dem Wasser, das sie für die chemische Industrie als Produktionsmittel liefert. Im Fall Leuna ist daher die Kohle als primärer Standortfaktor nur im Zusammenhang mit dem Saalewasser wirksam geworden.

Der Abbau der Braunkohle, teils als Energiespender, teils als Ausgangsstoff für eine kaum noch übersehbare Zahl chemischer Erzeugnisse, vollzieht sich in Form einer ständigen Verlagerung. Die Gruben, aus denen z. B. die Braunkohlenwerke Mücheln, Geiseltal-Mitte und Großkayna die Leunawerke, die Bunawerke sowie das Mineralölwerk Lützkendorf und das Kraftwerk Großkayna beliefern, werden bis 1975 ihre Förderung eingestellt haben. Dieser in besitmmten Stufen erfolgende Ablauf wird zusammen mit dem in ähnlichen Phasen verlaufenden Aufschluß neuer Braunkohlen-Tagebaue, z. B. bei Wallendorf südlich von Halle und bei Breitenfeld nördlich von Leipzig, bedeutende Umstellungen in der Produktions- und Siedlungsverflechtung zur Folge haben.

Die landwirtschaftlichen Auswirkungen, die von der Art der Nutzung des natürlichen Potentials – des Wassers, der Kohle, aber auch der Lage in einer weiten, flachen Tieflandsbucht ausgehen, sind der Ausdruck für schnelle und bedeutende Wandlungen in dem ja immer nur dynamisch zu verstehenden Gleichgewicht zwischen Natur und Mensch. Die natürlichen Reserven sind gefährdet, ja hinsichtlich der Kohle noch Ende dieses Jahrhunderts im Halle-Leipziger Raum erschöpft. Das Oberflächenwasser wird durch immer erneute, gleichsam rotierende Nutzung für die Industrie und Landwirtschaft ausreichen. Und es gilt selbstverständlich, unter Einsatz sehr hoher finanzieller Mittel Verunreinigungen und Schädigungen durch die Industrie auf ein Minimum zu reduzieren. Das bedeutet aber, daß sich über eine ganze Kette unter sich ähnlicher Gleichgewichtslagen ein neues Gleichgewicht einstellen wird. Die Sanierung industrieller Abwässer – sei es durch Kultivierung von Mikroorganismen, sei es durch Entphenolung mit Austauschharzen oder Entammonisierung mit anderen Austauschern [2]) ist eine Lebensfrage für die Städte und Dörfer, aber auch für die Industriewerke selbst.[3]) Ähnliches gilt für die Luftverunreinigung, die sich ebenso mit der Erhöhung der industriellen Produk-

---

[1]) Horst Schall „Die chemische Industrie Deutschlands unter besonderer Berücksichtigung der Standortfrage", Nürnberger Wirtschafts- und Sozialgeographische Arbeiten, 1959, S. 24 ff.

[2]) W. Boie „Probleme der Luftreinhaltung", Sitzungsberichte d. Dt. Akademie d. Wiss. zu Berlin, Klasse für Math., Physik und Technik, Jg. 1960, Nr. 1, S. 3 ff.

[3]) A. Rieche (u. andere) „Reinigung und Verwertung industrieller Abwässer", Sitz.-Ber. d. Dt. Akad. d. Wiss. zu Berlin, Klasse f. Chemie, Geologie, Biologie, 1962, Nr. 4, S. 5 ff.

tion steigert und selbstverständlich vom Menschen beeinflußbar, ja abstellbar ist. Sie ist in starkem Maß vom Druck der Luft, von ihrer Temperatur und Feuchtigkeit und damit von der topographischen Situation abhängig.

Industrie und Siedlung als Faktoren des geographischen Strukturwandels

Das Verhältnis des Menschen zur landwirtschaftlichen Umwelt und zur totalen technischen Rationalisierung verlangt eine volkswirtschaftliche Planung, in der der Wirkungsgrad der Industrieentwicklung nicht nur mit Teilaspekten rein ökonomischer Art, sondern mit der gesamten territorialen Ordnung in Einklang zu halten ist. Erlaubt die gegenwärtige Ausgangslage prognostische Aussagen über die zukünftige Entwicklung der Siedlungs- und ökonomisch-geographischen Struktur?

Leuna wie Buna und andere Großwerke der Chemie sind neue, starke Faktoren der räumlichen Differenzierung geworden. Die Änderung eines einzigen Faktors beeinflußt in einem sehr verschiedenen Ausmaß andere, wenn nicht sogar alle Faktoren eines Systems, das als ökologisch im Sinne der Beziehung des Menschen zu seiner Umwelt aufgefaßt werden kann. Zur Beantwortung der Frage, in welcher Richtung sich die räumlichen Wandlungen bewegen, engen wir die Faktorenanalyse auf die Art und das Ausmaß der Abhängigkeiten ein, die zwischen Wohnsiedlung und Industriewerk bestehen. Ich greife ein Beispiel heraus: die statistisch gut, wenn auch mühevoll zu erfassende Pendelwanderung. Die weit verstreuten Wohnorte der Werktätigen Leunas oder der anderen benachbarten Großwerke der Chemie können als Variable aufgefaßt werden, die in Korrelation stehen – einerseits zu den Orten mit höheren zentralen Funktionen wie Leipzig oder Halle, andererseits zu den Orten der einseitig industriellen Funktion, d. h. den Standorten der Großchemieanlagen.

Die dörflichen Siedlungen im weiten, noch näher zu kennzeichnenden Bereiche des Werkes zeigen in der Gestaltung ihrer Häuser und Höfe jene heute in vielen von der Industrie beeinflußten Räumen nicht mehr ungewöhnliche Mischung zwischen Stadt und Land. Die Gehöfte alten Typs ducken sich vor den baulichen Symbolen der neuen Zeit, den Wartehallen für Omnibusse, den Konsumgebäuden oder Sparkassenfilialen oder den meist recht harmonisch in den architektonischen Formen gegliederten Landkaufhäusern und Zentralschulen, die die Zerrbilder einer Übergangszeit abzulösen im Begriff sind. Im übrigen sind die Bauernwirtschaften von der „technischen Revolution", die zugleich eine politische Revolution ist, mächtig erfaßt worden. Maschinenkenntnisse, Düngerchemie, Fragen der Planerfüllung bestimmen die Lebenssphäre der Mitglieder der sozialistischen landwirtschaftlichen Produktionsgenossenschaften. Die Lebenshaltung der in der Landwirtschaft Tätigen ist in ihrem äußeren Wesen nur wenig anders als bei den Menschen, die aus der gleichen Siedlung jeden Tag die Fahrt mit der Bahn oder mit dem Werkbus in das große Chemiewerk antreten. Rationalität und Berechnung der Leistung spielen auch in den vorwiegend agrarischen Gemeinden eine erste Rolle im beruflichen Tagesleben.

Der Einfluß, der von der chemischen Großindustrie im Halle-Leipziger Raum ausgeht, prägte zweifellos die Funktion der einzelnen Siedlungen um. Sie schaffte auch neue, starke Varianten im Bezugssystem von Städten und Dörfern. Der den Leunawerken benachbarte einstige Kurort Dürrenberg sei als Beispiel genannt. Aber es ist keineswegs eine neue Schwergewichtsverteilung im Siedlungsnetz entstanden. Die Städte, in bezug auf Leuna allen voran Halle, wirken als Hauptzentren von Arbeitskräften, aber auch von Gütern des industriellen Bedarfs und des allgemeinen Konsums, vor allem von Dienstleistungen jeder Art der strukturverändernden Tendenz der Chemieindustrie als starke strukturbewahrende Kräfte entgegen.

Die Bedeutung des Personenverkehrs zu den Großbetrieben der Chemie wird hier sichtbar, besonders in Form der täglichen Arbeiterpendelwanderungen von den wachsenden Städten und verstädterten Landsiedlungen, die aber trotz Rückganges der in der Landwirtschaft tätigen Personen wichtige landwirtschaftliche Produktionsgebiete geblieben sind. Jutta Haase [1]), die diesen Fragenkomplex untersuchte, verdanken wir eine Arbeit, deren Inhalt von der rein demographischen Seite die gleiche Tendenz erkennen läßt, die z. B. für die ursprünglich auf die Landwirtschaft ausgerichtete, gegenwärtig bebesonders dem Bau von Bagger-, Förder- und Chemieanlagen zugewendete Maschinenindustrie gilt, nämlich: diese Industrien wurden in ihrer Kapazität wesentlich verstärkt, blieben aber an den alten Orten – ähnlich wie das Werk Leuna sich den größten Teil seiner Arbeiter und Angestellten aus den Dörfern und Städten im Umkreis holte, so daß die Standorte des Wohnens und der Industrie im wesentlichen unverändert blieben. Das Heer der Berufstätigen, das mit der Eisenbahn oder dem Autobus dem Chemiegroßbetrieb Leuna zugeführt wird, formiert sich zum größten Teil aus den Ortschaften längs der Saale bzw. der Eisenbahnlinie zwischen Dehlitz/Saale und Halle, in einem mittleren Ausmaß aus dem Gebiet zwischen Naumburg und Weißen-

---

[1]) Jutta Haase „Bevölkerungsgeographische Auswirkungen der Standorte der chemischen Großindustrie Leuna und Buna", Wiss. Veröff. d. Dt. Inst. f. Länderkunde, Leipzig, Neue Folge 21/22, 1964, S. 436 ff.

fels, aber auch aus dem Lauchatal und dem Gebiet östlich der Saale zwischen Weißenfels und Bad Dürrenberg, zu einem sehr geringen Anteil aus Leipzig. 70 % wohnen bis zu 15 km, 23 % bis zu 30 km vom Werk entfernt. Als Darstellungsprinzip wurde in den Karten der Ausstellung auf der Grundlage des Materials von J. Haase das bildstatistische Prinzip angewendet, und zwar in Anlehnung an die „Wiener Methode der Bildstatistik" Otto Neuraths. Erik Arnberger [1]) wies mit Recht auf die Bedeutung Otto Neuraths († 1945) für die Förderung bildstatistischer Darstellungen insbesondere für Ausstellungen und im Rahmen pädagogischer Zwecke hin.

Die hohe Zahl der Pendler weist auf den Wechsel der Physiognomie mancher dörflicher Siedlung, auf die bekannten Wesensänderungen vom Bauerndorf zur Bauern-Arbeiter-Siedlung, nicht selten auch zur reinen Arbeitersiedlung. Sie weist den Blick auf die stabilen Elemente in der Struktur des Raumes, in den das Leunawerk wie die anderen, später (1937) gegründeten chemischen Großindustriewerke, vor allem das Bunawerk bei Schkopau, gestellt wurden. Wiederum liegt ein Vergleich mit dem rheinisch-westfälischen Industriegebiet nahe. Auch hier, in dieser stärkeren Agglomeration von Menschen und Industrien, haben sich die traditionellen Zentren entfaltet (ohne daß Bochum oder Essen oder irgendeine andere Stadt des größten deutschen Industrieraumes die Führung hätte übernehmen können). Köln aber ist zu peripher und entfernt gelegen. Seine Kräfte reichen nicht aus, wie Th. Kraus [2]) feststellte, um Metropole des Ruhrreviers zu werden. In ähnlicher Weise wie die großen Ruhrstädte sind Leipzig und Halle für die Chemieindustrie im benachbarten Raum von entscheidender Bedeutung. Die Kräfte Leipzigs, dieser einzigartigen Kombination von Industrieproduktion, von Handel und nichtindustriellen Diensten, ziehen auch das mächtige, durch Hunderte von Fertigprodukten gekennzeichnete Energiepotential der Chemieindustrie, vor allem das Kultur- und Konsumbedürfnis ihrer Träger in ihren Bann. Es ist kein Zufall, daß hier der „VEB Chemieanlagenbau" sein Wirkungszentrum errichtet hat. Mit anderen Worten: die Problematik „Chemieindustrie und geographischer Raum" wirft Licht auf die Feststellung, daß die Stadt eine historische Kategorie ist. Die auf freiem Feld begründeten, im übrigen hochgradig miteinander verflochtenen Spezialindustrien der Chemieindustrie bilden durch die von ihnen verursachte Bevölkerungsagglomeration Ansatzpunkte für eine Gebietsumformung. Sie er-

---

[1]) Erik Arnberger „Das topographische, graphische bildstatistische und bildhafte Prinzip in der Kartographie". Internat. Jahrbuch d. Kartographie, Bd. IV, 1964, S. 41.

[2]) Th. Kraus „Das rheinisch-westfälische Städtesystem", in „Köln und die Rheinlande", Festschr. zum XXXIII. Deutschen Geographentag in Köln, 1961, S. 21.

höhen in einem beträchtlichen, exakt schwierig nachzuweisendem Grad die gebietliche Komplexität. Sie wirken „gebietsbildend", viel weniger „stadtbildend"!

Von einer Conurbation kann im Halle-Leipziger Gebiet keine Rede sein. Sie ist auch nicht Ziel der sozialistischen Planung, die bestrebt ist, die innergebietlichen, durch die chemische Spezialindustrie ausgelösten Aufgaben mit den übergebietlichen, die gesamte Volkswirtschaft berührenden Territorialaufgaben in Einklang zu bringen. Man braucht nur auf die Kulturlandschaften des westlichen Ruhrgebiets zu schauen, auf den Raum Mülheim-Oberhausen-Dinslaken, den G. Mertins [1]) nach dem Prinzip der kulturlandschaftlichen Formation im Sinne H. Uhligs untersuchte, um das Andersartige der Entwicklung zu erfassen. In den vielen Teilräumen des Ruhrgebietes sind die rein agrarischen oder forstlichen Nutzräume um die industrielle oder städtisch geprägte, neu entstandene Kulturlandschaft rahmenartig herumgelagert. Und nur dort, an den Rändern, geben sie sich noch als naturräumliche Einheiten zu erkennen. In dem Gebiet um Leuna handelt es sich um ein weites Agrarland, in das neben den bestehenden Städten die Kerne einer immer noch wachsenden industriellen Agglomeration eingefügt wurden. Die naturräumliche Gliederung ist im bergbaulich und industriell überprägten Raum um Leuna noch durchaus auch physiognomisch erkennbar.

Umformungen im territorialen Funktionsgefüge

Es schließt sich damit der Kreis der Feststellungen, die die aufgestellte These als richtig erweisen sollen. Die Extraktion bestimmter Variablen erlaubt selbstverständlich nur Teileinsichten in Korrelationen, die statistisch faßbar sind. Sie lassen sich messen! Die Beziehungen zwischen der Zahl der Menschen, der von ihnen in Anspruch genommenen Fläche, den landwirtschaftlichen und bergbaulichen Reserven, den Lebensgewohnheiten wie der Bevorzugung bestimmter Einkaufsorte und Wohnweisen und den Orten ihrer Beschäftigung lassen folgende Entwicklungstendenz erkennen:

1. Die Aktivierung der im Raum um die Chemiewerke gelegenen Kräfte – von den physischen Potenzen, dem Wasser und der Kohle, bis zu dem lagebedingten Arbeitskräftepotential – hat Gebietsumformungen ausgelöst. Sie haben in der auf freier Fläche entstandenen chemischen Großindustrie ihre Ursache. Die Schwerpunkte ihrer strukturellen Raumwirksamkeit liegen aber

[1]) G. Mertins, „Die Kulturlandschaft des westlichen Ruhrgebiets", Giessener Geographische Schriften, 1964.

weniger an den Industriestandorten selbst als in den alten großen Zentren der Bedarfsdeckung, den zentralen Orten höherer Ordnung, wie Halle oder Leipzig, die der strukturverändernden Tendenz der chemischen Großindustrie entgegenwirken, und vor allem an den vielen kleineren, zum Teil neugebildeten Wohnsiedlungen mit steigenden Möglichkeiten des Konsums und der Dienstleistungen. Jutta Haase[1]) stellte die Bevölkerungsentwicklung von rund 200 Gemeinden des Gebietes nach Gruppen charakteristischer Verhaltensweisen dar, d. h. sie gliederte die Gemeinden auf Grund von 4 Kriterien: 1. der Bevölkerungsentwicklung, 2. der Berufsstruktur, 3. der sozialökonomischen Struktur in der Landwirtschaft sowie 4. der Anbauverhältnisse. Die Veränderungen in der Bevölkerungsentwicklung wurden durch den Vergleich des Ganges der Bevölkerung ab 1852 erfaßt und graphisch dargestellt. Es ergaben sich 3 Grundtypen der Bevölkerungsuntersuchung. Zur Hauptgruppe I wurden alle Siedlungen zusammengefaßt, die im Untersuchungszeitraum einen ständig positiven Bevölkerungsgang besitzen. Sie haben einen ausgesprochenen Wohncharakter durch Zuwanderung von Arbeitern erhalten. Die alten dörflichen Kerne sind stark überformt. Die Gruppen II (Bauern-Arbeiter-Dörfer, z. B. Dehlitz/Berge oder Neukirchen) und III (z. B. Rippach-Gruna-Tal sowie Bibra-Laucha) deuten mit ihrem Bevölkerungsverlust mehr auf landwirtschaftlich geprägte Siedlungen hin. Zwischen 1925 und 1933 ist in den Orten der Gruppe III eine relativ starke Abnahme der Einwohnerzahl festzustellen. Die Großwerke der Chemieindustrie erzeugten einen Sog, dem eine rückläufige Bewegung im bäuerlichen Lebensbereich entspricht. Gegenwärtig aber ist eine fast in umgekehrter Richtung verlaufende Tendenz festzustellen. Das ist ein weiteres Glied in der Kette von Beweisen für unsere These: der verstärkte Einsatz moderner Verkehrsmittel, vor allem werkseigener Autobuslinien, zusammen mit dem gleichzeitigen Wachstum der Großwerke der Chemie führt zu einer allmählichen Änderung in der Bewertung der Entfernungs- und Lagebeziehungen. Die Ortschaften der Gruppe II werden jetzt von der Dynamik der Chemieindustrie stärker erfaßt. Sie unterliegen einem Wandel der Berufsstruktur sowie der Struktur der Landwirtschaft, also einem Wandel der Funktion.

2. Die analytisch erfaßten Entwicklungslinien innerhalb der räumlichen Differenzierung im Ballungsgebiet Halle-Leipzig zeigen die Bedeutung, die der Konsumtion an Stelle der bisher in der Forschung weitaus im Vordergrund stehenden, meist ausschließlich untersuchten Industrie als Standortphänomen

---

[1]) Jutta Haase „Bevölkerungsgeographische Auswirkungen der Standorte der chemischen Großindustrie Leuna und Buna", Wiss. Veröff. d. Dt. Inst. f. Länderkunde, Neue Folge 21/22, 1964, S. 450 ff.

zukommt[1]). Die Sozialeinrichtungen des Werkes selbst übernahmen in einem statistisch sehr schwierig zu erfassenden, aber zur Zeit noch relativ geringen Anteil die Versorgung der täglich in das Werk pendelnden Arbeiter- und Angestelltenmassen. Ansatzpunkte einer Umschichtung des Siedlungssystems werden sichtbar. Es entstand der Plan, „Zentralstädte"[2]) als Wohnsiedlungen und Konsumtionszentren in räumlicher Trennung von den Produktionsstätten der Großchemie zu erbauen, wobei auf gute Verbindung mit den alten festen Kernen des Verkehrssystems, den Großstädten, Wert gelegt wird. Halle-West, die neu erbaute Wohnstadt der Leunawerke, ist hierfür ein Beispiel.

3. Die innergebietlichen Produktionsverflechtungen verstärken den Trend zur industriellen Konzentration in verschiedenen Teilbereichen des Ballungsgebietes. Der Arbeitsplatzkonzentration steht aber eine Wohnplatzzuordnung gegenüber, die nur in den Städten zur Agglomeration von Industrie und Bevölkerung führte. In der Gesamtstruktur des Ballungsgebietes zeichnet sich eine dispersive Lagerung der Wohnsiedlungen im näheren Umkreis der einzelnen Industriekombinate oder auch am Rande des Ballungsgebietes ab. Der ausgedehnte Bereich urbanisierter Landgemeinden, den A. Krenzlin[3]) am Beispiel des Rhein-Main-Gebietes als Verstädterungsgebiet definierte, zieht Entwicklungskräfte nicht zuletzt aus den Orten niederer Zentralität, die, wie E. Neef[4]) bemerkte, „durch Labilität und Veränderlichkeit" ausgezeichnet sind. Das kulturlandschaftliche Potential ist in steigendem Ausmaß an die Zentren der Konsumtion gebunden. Es findet seinen Ausdruck im gesunden, naturverbundenen Wohnen, nicht selten im eigenen Hausbesitz, und nicht zuletzt in der gesteigerten Möglichkeit eines vielseitigen beruflichen Einsatzes dank der guten Verkehrsgeschlossenheit des Ballungsgebietes. Die sich steigernde Wirkungsfähigkeit von Sozialfaktoren leitet eine Entwicklung ein, die die nicht-industriellen Orte des Ballungsgebietes als Kerne eines wachsenden Konsumtionsgebietes eine stärkere Einflußnahme auf die zukünftige Gestaltung des gesamten territorialen Funktionsgefüges gewinnen läßt.

---

1) Vgl. auch R. Hartshorne „Geography and economic growth", Essays on Geography and economic Development. The University of Chicago, Department of Geography, Research Paper 62, 1960, S. 24.

2) Siehe auch G. Mohs „Die Bevölkerungs- und Siedlungsentwicklung im Ballungsgebiet Halle-Leipzig", Wiss. Veröff. d. Dt. Inst. f. Länderkunde zu Leipzig, NF Bd. 21/22, 1964, S. 343

3) A. Krenzlin „Werden und Gefüge des rheinisch-mainischen Verstädterungsgebietes", Frankfurter Geographische Hefte, H. 37, 1961, 5.

4) E. Neef „Die Veränderlichkeit der zentralen Orte niederen Ranges", Proceedings of the IGU-Symposium in Urban Geography, Lund 1960, S. 227.

Bei Fragen zur Produktsicherheit wenden Sie sich bitte an:
If you have any questions regarding product safety,
please contact:

Walter de Gruyter GmbH
Genthiner Straße 13
10785 Berlin
productsafety@degruyterbrill.com